Erstes Buch
Paradies

Mein Name ist Friedrich List. Ich muss Ihnen meine Geschichte jetzt erzählen, denn dass die Eisenbahn in Sachsen erfunden wurde, gerät sonst vollständig in Vergessenheit.

Um 1830 war Sachsen ein kleines Land. Vor kurzem war Napoleon der grosse Chef gewesen und hatte dem Onkel des jetzigen Königs, der damals nur Kurfürst war, als Dank für allerlei treue Dienste eine Königskrone aufgesetzt. Danach sank allerdings der Stern des Korsen schneller, als der frisch gebackene König hätte abspringen können. Nach der Schlacht bei Leipzig nahmen ihn ehemalige Freunde Napoleons, die schneller die Seiten gewechselt hatten, gefangen und ließen sich für ihre ihnen dadurch entstandenen Mühen mit einem guten Drittel des Landes entschädigen. Immerhin durfte der Sachse die Krone behalten.

Sein Neffe, der jetzige Chef, verzieh ihm niemals, das er zu LANGSAM die Seiten gewechselt hatte und vergnügte sich aus Protest dagegen mit schnellen, mehrspännigen Kutschenrennen.*

In dieser Zeit war es auch, dass aufmerksame Beobachter erste Anzeichen einer neuen Epidemie wahrnahmen.

* List erzählt hier von den sächsischen Königen Friedrich August I. und Friedrich August II.

Georg S. hervorstechendste Eigenschaft war ein Tourette-Syndrom.

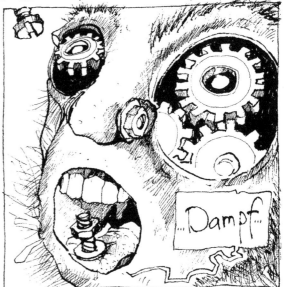

Viele hielten ihn allerdings für einen Seher.

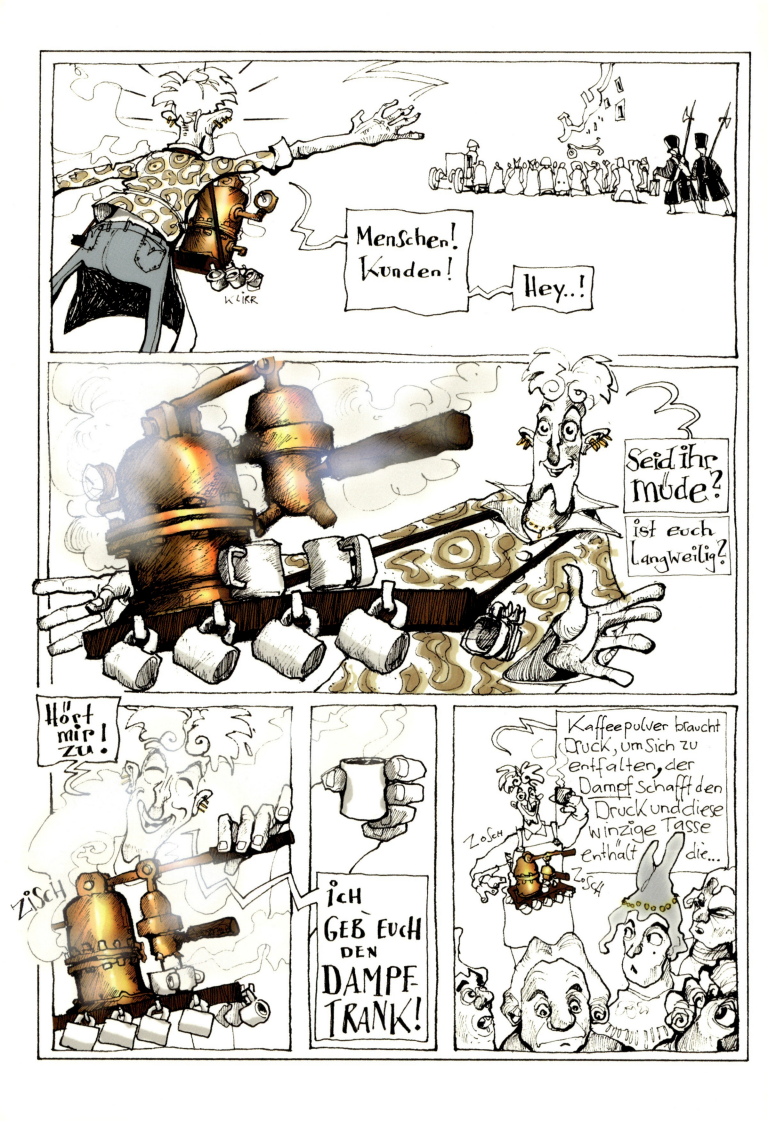

Sie werden sich jetzt fragen, wer diese Person mit dem Zylinder ist, die Sie auf den ersten Seiten schon einmal gesehen haben. Das ist Andreas Schubert. Schubert war ein Mann der Zukunft. Wenn wir uns begegneten rief er mir dennoch manchmal, ich weiss nicht weshalb, Erinnerungen an seine Jugend in einem kleinen Bergdorf zu.

Nur hatte die Zukunft die für ihn unangenehme Eigenschaft, lange strahlend vor ihm zu liegen aber plötzlich, kaum hatte er sie erreicht, sich in graue Gegenwart zu verwandeln. Aus diesem Grund war Schubert auch ein Mann der Geschwindigkeit dessen Wunsch es war, die Zukunft zu erreichen, bevor sie Gegenwart wurde.

Über das Wort „Fortschritt" konnte Schubert übrigens nur noch müde lächeln, denn das Laufen hatte er schon lange als zu langsam aufgegeben.
Um beim Sprechen schneller in die Zukunft zu gelangen, hatte er seine Wörter von allen bremsenden Konsonanten bereinigt.

  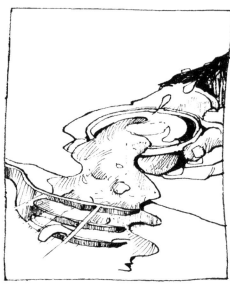

Nahrung nahm er in flüssiger Form zu sich, um das langwierige, zeitraubende Kauen zu vermeiden. Seine Kost nannte er...

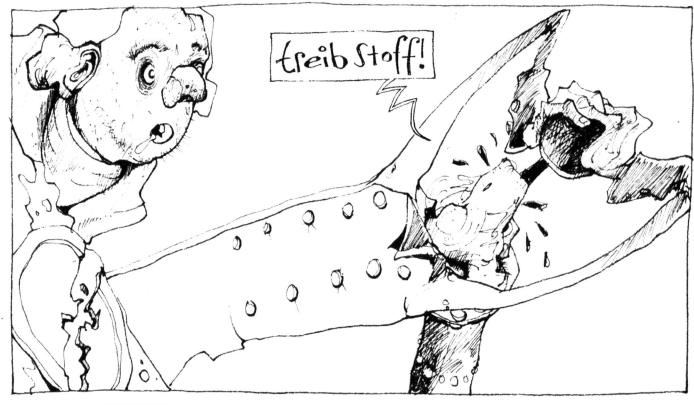

treibstoff!

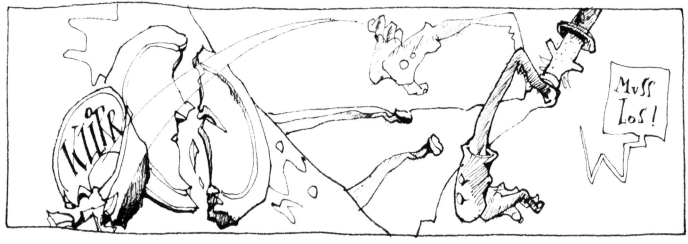

Muss los!

So in die Zukunft zu denken war eigentlich nicht Johanns Art, ...

... denn er war ein Mann der Vergangenheit.

Diese lag still hinter ihm und er hatte alle Zeit der Welt, sich zu ihr hinab zu versenken. Als Jugendlicher hatte Johann begonnen, die „Göttliche Komödie" des Florentiners Dante aus dem Mittelalterlichen ins Deutsche zu übersetzen. (Von diesem Buch weiss ich nur, dass es aus den Teilen: „Hölle", „Fegefeuer" und „Paradies" besteht.)
Seitdem lebte er nicht mehr in unserer Zeit, sondern im 13. Jahrhundert. Nicht im 13. Jahrhundert, wie es gewesen war, sondern wie es sich Dante gewünscht hätte, wenn er nicht ständig auf der Flucht vor seinen Feinden gewesen wäre.
Hätte dieser beispielsweise jemals ein ruhiges Frühstück zu sich nehmen können, hätte er sicher Mantel und Haube getragen, wie sie Johann hier trägt.

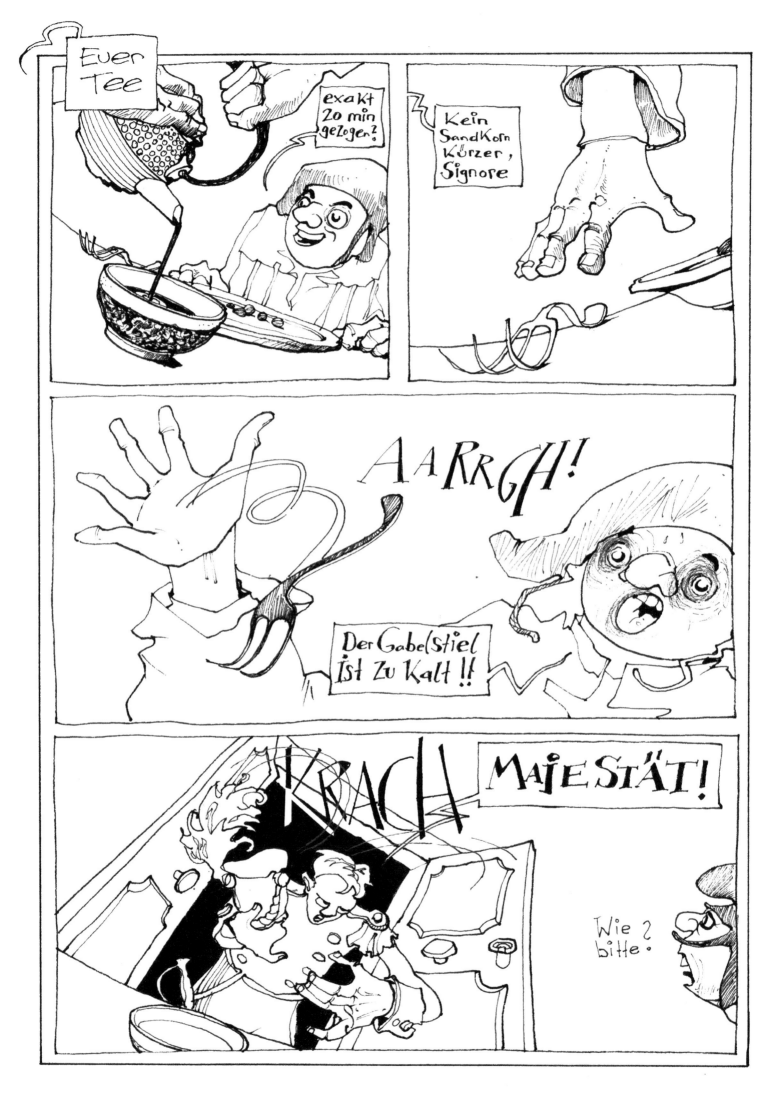

ZWEITES BUCH
FEGEFEUER

Wenn ich schon König sein muss, dachte er da, könnte ich ja auch arbeiten und im Land etwas verändern. Wenn sich die Gegenwart in Vergangenheit wandelt, dachte er, könnte sich doch auch die Vergangenheit in Gegenwart und sogar in Zukunft wandeln.

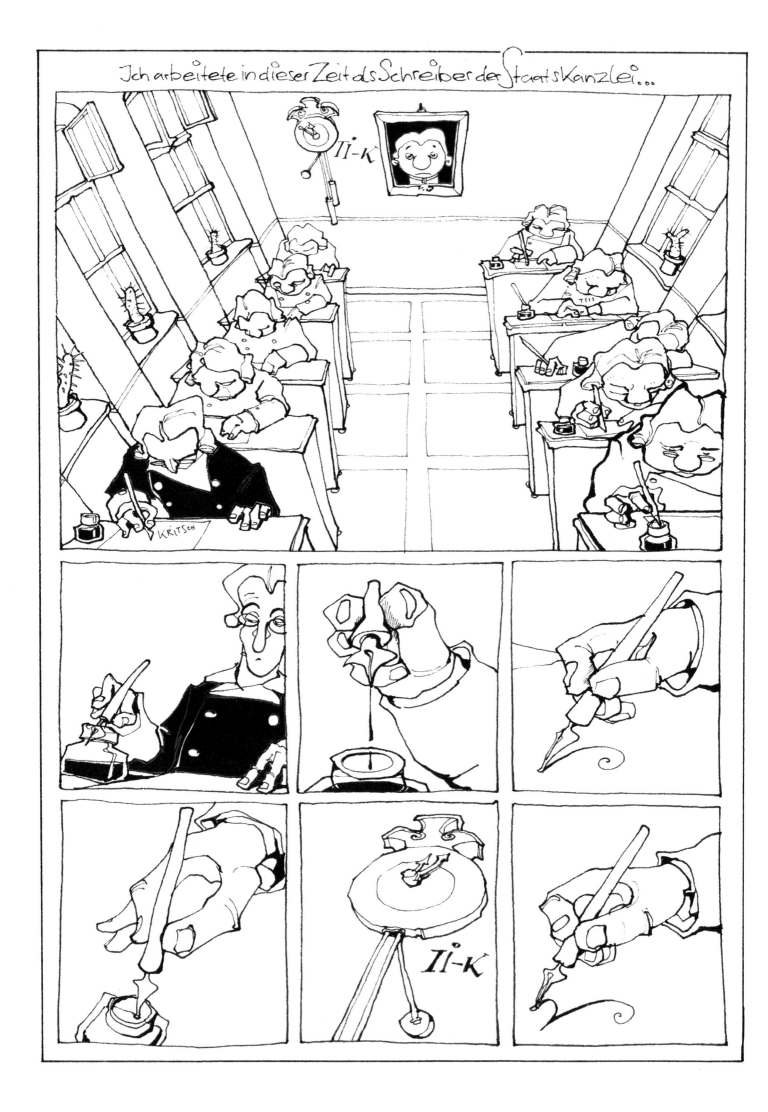

Das Sammeln übernahm eine neue Geheimpolizei.

Wilhelm H. war in dieser Zeit ein gern gehörter Bänkelsänger.

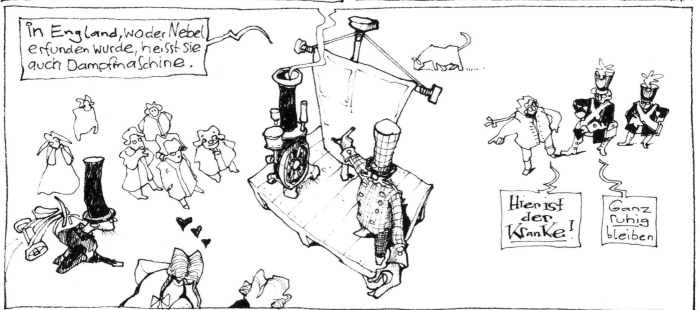

Buttern: Butter stellte man zu Schuberts Zeiten dadurch her, dass man Milch in eine Art Luftpumpe füllte und solange pumpte, bis man vollständig fertig war.

Auch Schubert musste es sich in der Anstalt bequem machen.

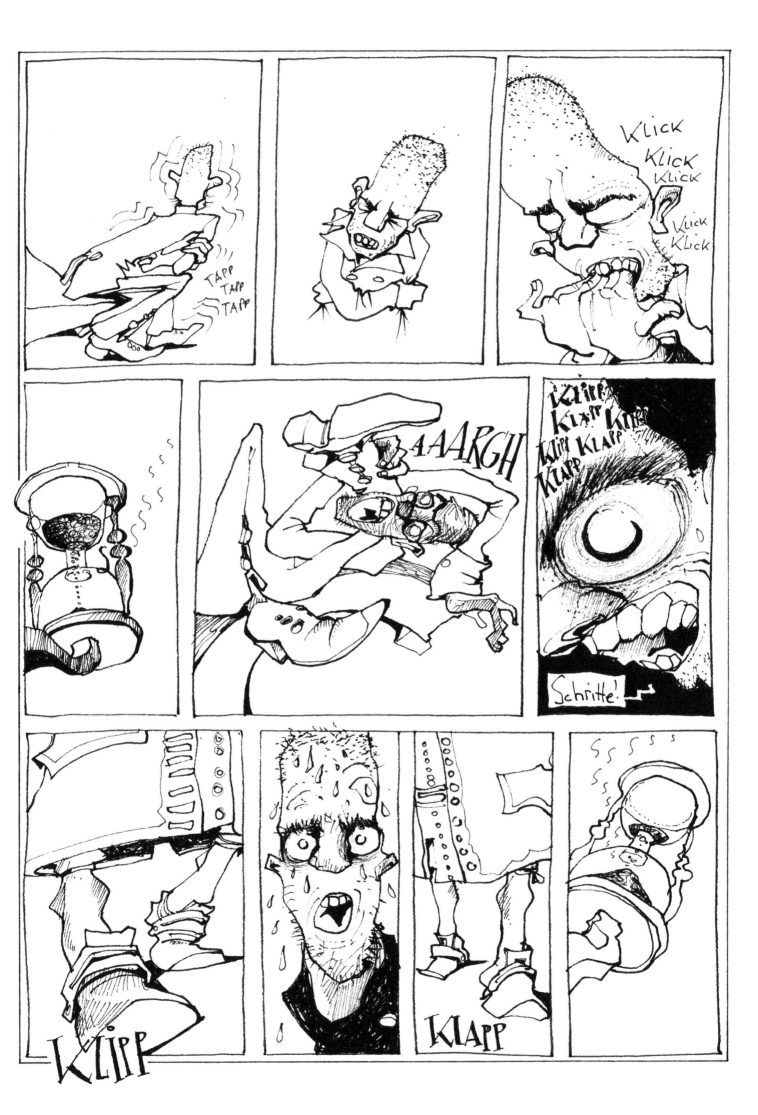

Geheimpolizisten wurden nicht, wie oft vermutet, in der DDR erfunden. Schon zu Lists Zeiten gab es solche nicht uniformierten Ordnungshüter, deren Arbeit so geheim war, daß sie am Ende ihrer langen Arbeitstage oft selbst nicht wussten, wie sie die viele Zeit herumgebracht hatten.

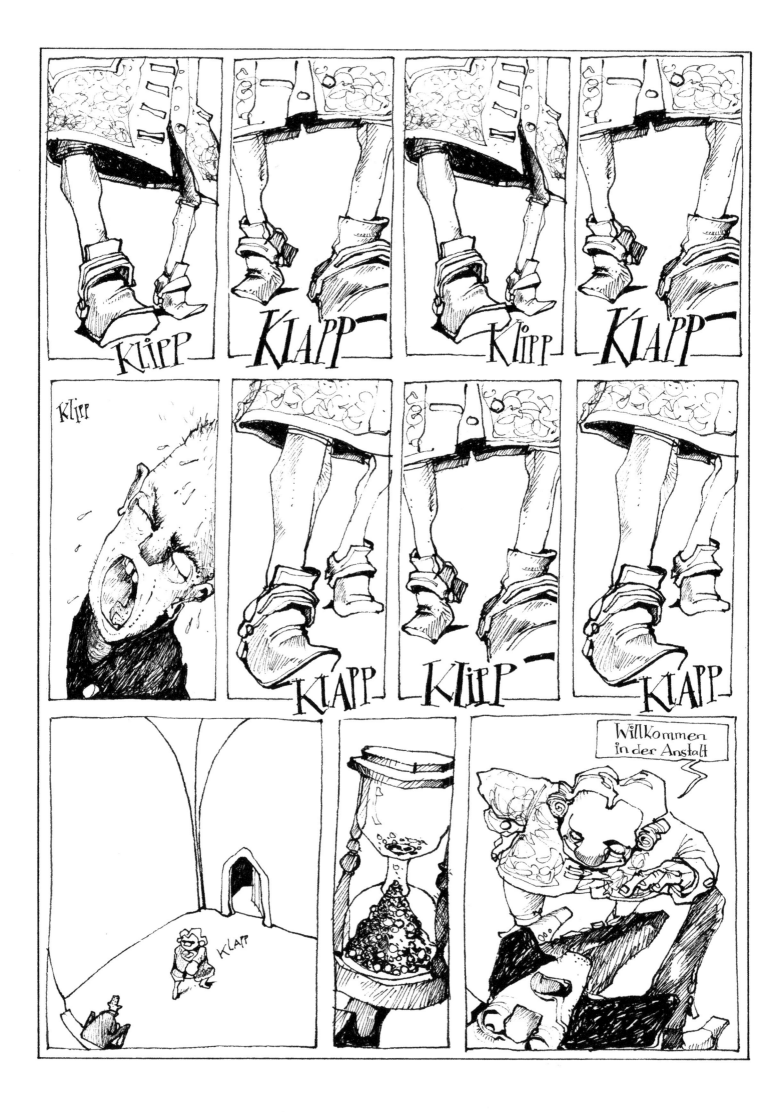

Als Schubert auf H., S. und T. traf, waren diese bereits „Die Schrauber".

König Johann wird jetzt überall als Förderer des Fortschritts gepriesen, dabei besteht sein „Verdienst" doch lediglich in dem Fehler, die Bedeutung von „Synergie" unterschätzt zu haben.

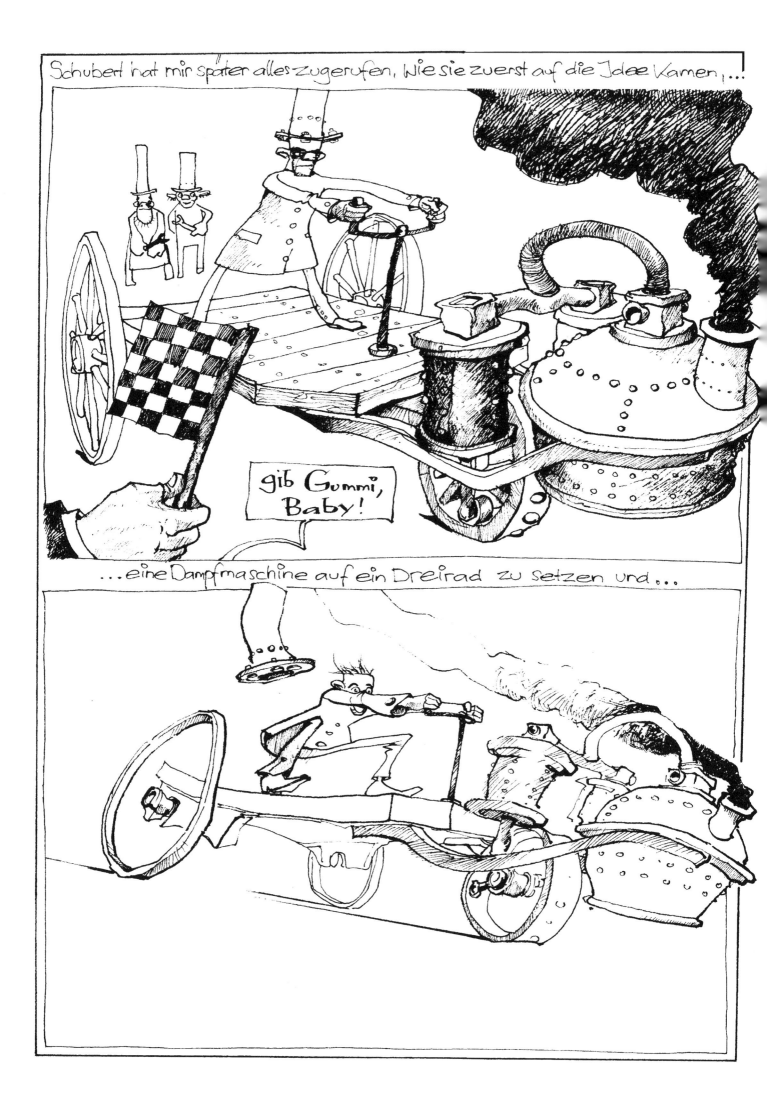

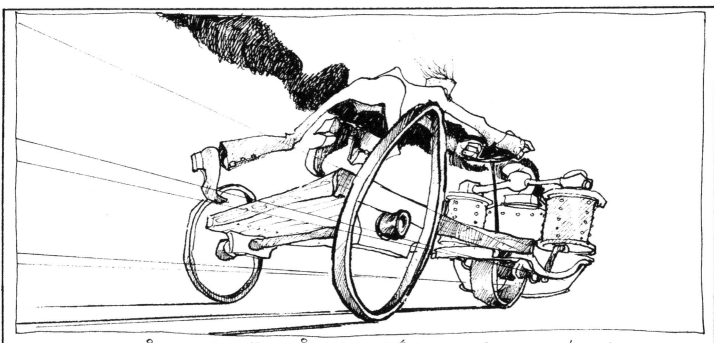

... wie noch alles in den Kinderschuhen steckte.

Lenken!!

WUMM

Lenken müssen ist Mist!!!!

Es war ja nicht so, dass es vor der Eisenbahn noch keine Gleise gegeben hätte.

Im neuen Gewerbegebiet neben der Anstalt stand ein Sägewerk, dessen Mitarbeiter Wagen schoben, ohne Lenken zu müssen.

 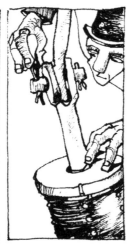 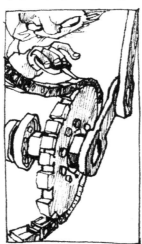 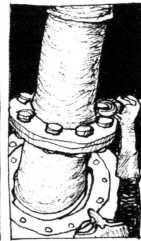 

Bergwerk: Sachsen war im Mittelalter ein Bergbaugebiet und die Bergleute hatten, um das für die Berge benötigte Gestein zu gewinnen, tiefe Stollen gegraben, aus denen sie das Material mit kleinen, auf Schienen rollenden Wagen heraus beförderten.

Wenn Sie bis jetzt ganz selbstverständlich annahmen, diese ganzen hier dargestellten Maschinen hätte ich eigens für dieses Buch erfunden, muss ich Sie leider enttäuschen. Ich habe sie abgemalt. Ebenso die Hauptpersonen. Was nicht bedeutet, dass die Geschichte, die ich Ihnen hier zum Besten gebe, wahr wäre.

Jetzt aber ernsthaft! Den großen Kessel auf drei Rädern erfand um 1780 der französische Artillerieoffizier Cugnot mit dem Ziel, Kanonen schneller als es mit Pferden möglich war vom Schlachtfeld zurückzuziehen. Er hatte sich beim Gedanken an zukünftige Rückzüge indessen so aufs Fahren konzentriert, dass ihm die Notwendigkeit, lenken zu müssen, irgendwie entgangen war. Bei einer hochangebundenen Vorführung seines Werkes durchbrach er eine Kasernenmauer und die Maschine landete in der Versenkung. „Fardier", d.h. „Karre", nannte man Cugnots Mauerbrecher danach abschätzig.

Das Gefährt auf den Feldbahngleisen im Sägewerk war die „Puffing Billy" des Engländers William Hedlay. Im Bergwerk sahen Sie den „Puffing Devil" des Eisenbahnvisionärs Richard Trevithick aus Cornwall (Zugegeben, in Wahrheit fuhr diese Lokomotive nicht auf Schienen). Die Maschine, an der im Bild oben noch geschraubt wird, war ebenfalls eine Konstruktion Trevithicks. Einige Seiten weiter werden Sie die „Rocket" des berühmten George Stephenson finden. Später wird die „Adler" auftauchen, die einen Zug von Nürnberg nach Fürth zog und schließlich, als Belohnung für tapferes Lesen, die „Saxonia", die erste in Deutschland nach einem englischen Vorbild nachgebaute Lokomotive.

Schienenkreis: Eine derartige Anlage ließ Trevithick tatsächlich in London errichten, um das Publikum für die Bahn zu begeistern. Im originalen Kreis konnte man tatsächlich mitfahren. Allerdings war T. kein Erfolg beschieden, denn die Fahrgäste ärgerten sich darüber, daß sie nach langer Fahrt doch immer nur am Ausgangspunkt ankam.

Die erste Eisenbahnlinie in Deutschland wurde tatsächlich zwischen Leipzig und Dresden gebaut, wobei die geldgebenden Leipziger Kaufleute eigentlich nur einen Elbehafen bei Riesa ansteuern wollten, aber im Geschwindigkeitsrausch des Bauens weit übers Ziel hinausschossen.

Das Ganze war höchst illegal, deshalb wurde heimlich gearbeitet.

Warum andere Behörden nichts bemerkten ist mir ein Rätsel.

Während an der Rennstrecke gebaut wurde, veränderte die GeschwindSucht auch die Städte. Es verschwanden die gutgekleideten, jungen Herren, die ihre Schildkröten spazieren führten und ihre Sommertage in den Cafe's mit einem lang geköchelten Mokka verdämmerten.

Es verschwanden die Boulevardcafe's zugunsten metallblitzender Automatenrestaurants, in denen sich hagere Gestalten den Dampftrank gaben, während ihre Windhunde ungeduldig an den Leinen rissen.

Rauchen in der Öffentlichkeit war zu Lists Zeiten verboten und die Aufhebung dieses Verbotes eine Forderung der Revolutionäre von 1848, die in diesem Punkt auch erfolgreich waren.

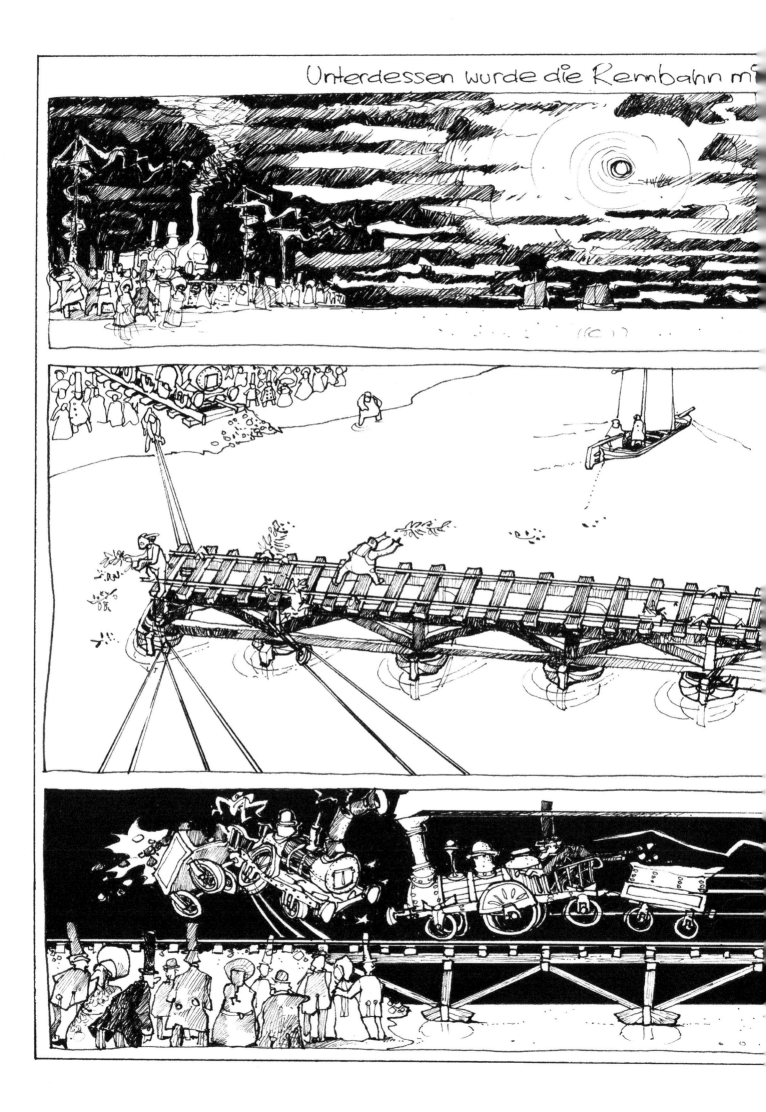

So gross war Sachsen damals, wenn man mit Pferd und Wagen reiste.

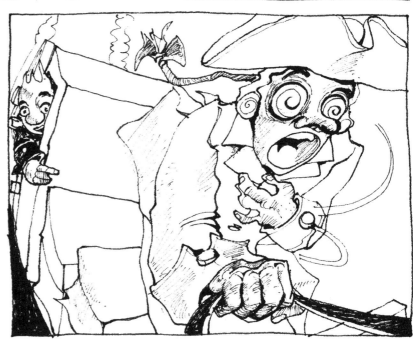

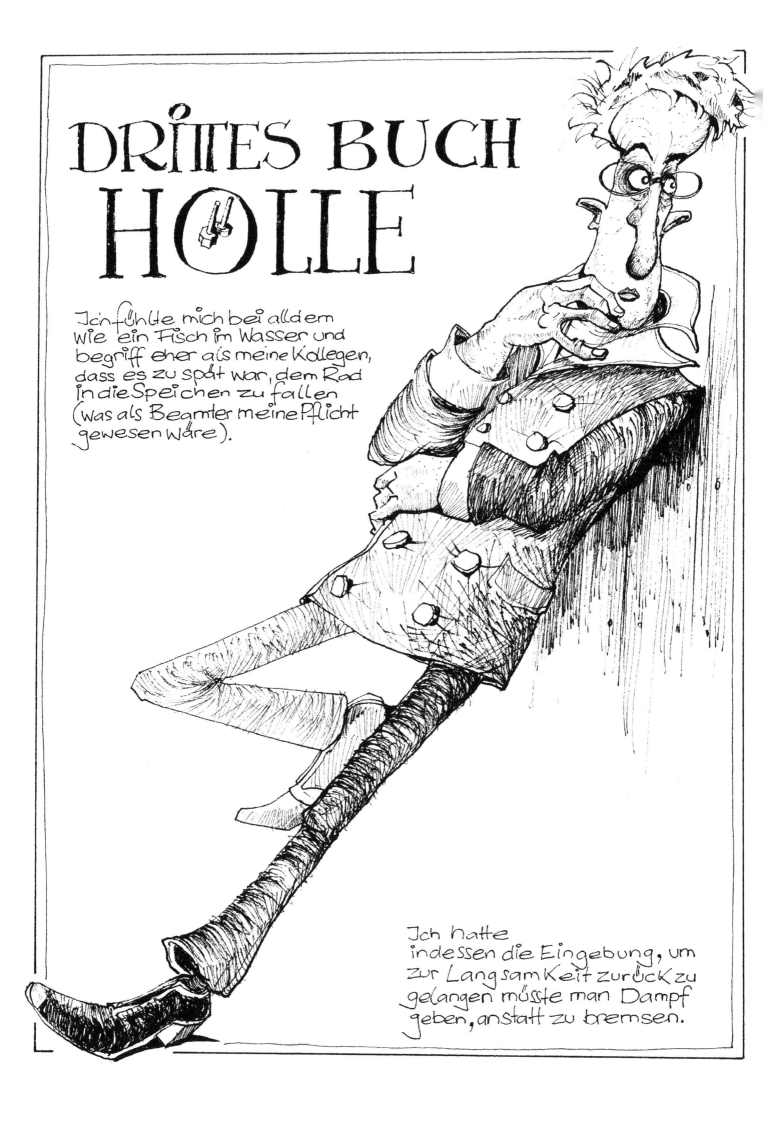

Oberauer Tunnel: Bei Oberau wurde die Bahnstrecke in Erinnerung an den unterirdischen Anfang der Schrauber durch einen Berg geführt.

Bei den Schraubern ging ich jetzt ein und aus.

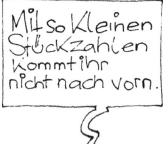

Es folgten weitere Herren und das Rad begann in meine Richtung zu rollen.

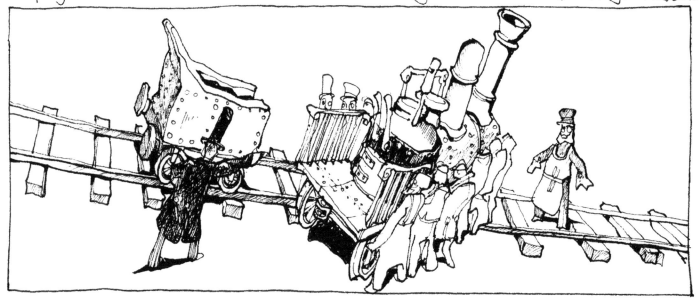

Langsam begriff auch der Chef, dass sich etwas veränderte.

Es ist so still alles.

WOSCH

hä?

Manche Leser werden sich jetzt fragen, was das Bild mit der Flut soll. Ist das vielleicht symbolisch, weil die als Flut gedachte Industrialisierung die ländliche Idylle am Fuß von Johanns Turm überrollt?

Jeden Tag kamen neue Nebelwagen ins Rennen.

Bald war Schubert nur einer unter vielen Fahrern...

...und man wurde sich uneins über die richtige Fahrtrichtung.

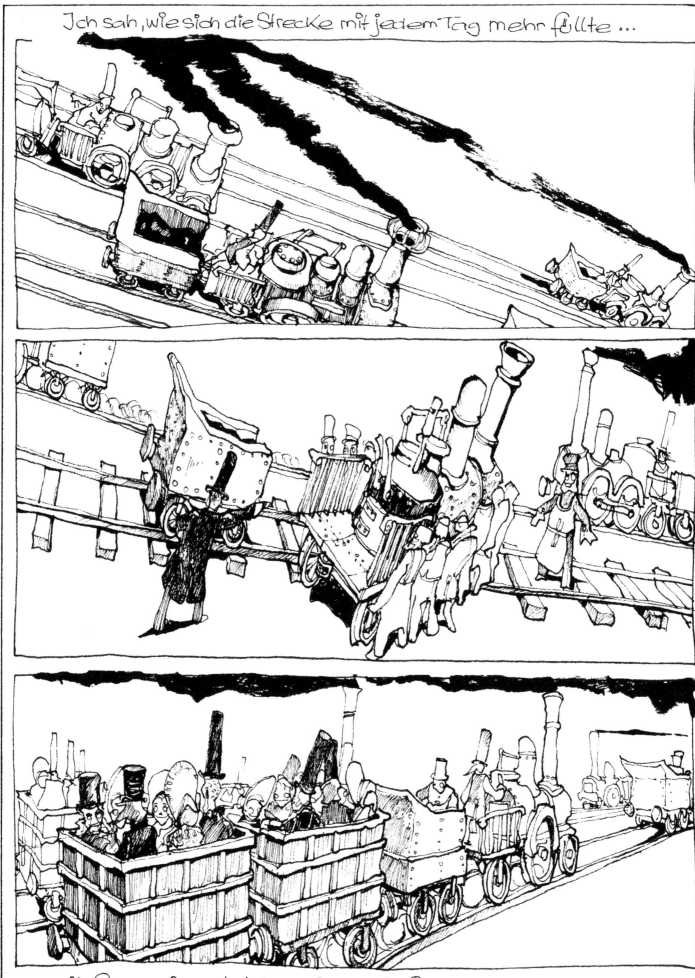

So sollte es werden...

... und alle waren es zufrieden.

Allein Schubert wollte sich den Spass nicht verderben lassen.

König Johann reiste jetzt durch unser 19. Jahrhundert

Viehtunnel: Tatsächlich gab es in den Bahndämmen solche kleinen Tunnel, durch welche Rinder von der einen Seite ihrer Weide auf die andere gelangen konnten, ohne die Schienen überqueren zu müssen.

Psychiatrische Landesklinik Schloss Hubertusburg

Wer jetzt hofft, daß wenigstens die Handlung dieser letzten Seite eine erfundene ohne reales Vorbild ist, den muß ich enttäuschen. Tatsächlich lebte in der Klinik Hubertusburg in der zweiten Hälfte des 20. Jahrhunderts ein Erfinder visionärer Raumschiffe. Dieser **Karl Hans Janke** nannte sich selbst einen Ingenieur, Außenstehende sahen in ihm einen armen Irren, heute gilt er als Künstler.

  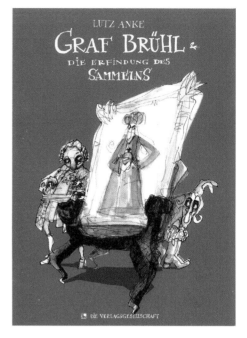

Lutz Anke: Sachsentrilogie Teil 1
J. F. Böttger & Die Erfindung des Porzellans
Comicband S/W, Broschur, 52 Seiten
Preis: 12,00 EUR
Die Verlagsgesellschaft, Dresden 2008
ISBN 978-3-940418-19-7

Lutz Anke: Sachsentrilogie Teil 2
G. Bähr & Die Erfindung der Frauenkirche
Comicband S/W, Broschur, 62 Seiten
Preis: 14,00 EUR
Die Verlagsgesellschaft, Dresden 2010
ISBN 978-3-940418-41-8

Lutz Anke: Sachsentrilogie Teil 3
Graf Brühl & Die Erfindung des Sammelns
wird voraussichtlich Ende 2014 das Licht der Buchläden erblicken. Angeblich soll er von Graf Brühl und der Entstehung der Dresdner Kunstsammlung handeln.

Lutz Anke

Geboren wurde ich 1968 in Karl-Marx-Stadt, einer Stadt, die heute unter dem Namen Chemnitz bekannt ist (letzteres nehme ich jetzt einfach mal an).

Chemnitz war eine Stadt der Maschinenbauer. Hier gab es eine Lokomotivenfabrik, deren Produkte mangels eines Gleisanschlusses auf Pferdewagen zum Bahnhof gefahren wurden. Ein solches Gespann sehen Sie in diesem Buch auf Seite 76.

Später ging ich nach Dresden und Berlin, um Architektur zu studieren. Es musste ein Fach ohne Zahlen sein, denn Zahlen war noch nie meine Stärke.

Als das Maß voll war, kehrte ich nach Dresden zurück und bin seitdem bei Tageslicht Architekt. Nachts zeichne ich Comics.

Weitere Informationen unter:
www.lutzanke.de

Außer dem vorliegenden Werk existieren zwei weitere Bücher, die Teil einer noch zu vollendenden

Sachsen-Trilogie

sind. Der erste Band „J.F.Böttger & Die Erfindung des Porzellans" ist 2008 erschienen und beleuchtet die Wiederentdeckung des Meissener Porzellans und die dabei wirkenden Triebkräfte.

Der zweite Band „George Bähr & Die Erfindung der Frauenkirche" erschien 2010 und beleuchtet die Baugeschichte der Frauenkirche und die dabei wirkenden Triebkräfte.

Der dritte Band „Graf Brühl & Die Erfindung des Sammelns" wird als nächster erscheinen und die Erfindung der Dresdner Kunstsammlung und die dabei wirkenden Triebkräfte beleuchten.

(Ein Hinweis: Beim Erwerb dieser Bücher sollte man glaubhaft versichern können, das 18. Lebensjahr schon weit hinter sich zu haben.)

Auch „Dampf" wird Nachfolger finden. Unter einer „Erfinder-Trilogie" fange ich gar nicht erst an zu zeichnen und Stoff ist ausreichend vorhanden, denn Sachsen gilt nicht zu Unrecht als das Land der Dichter und Denker.

Herzlichen Dank an alle, die bei der Entstehung dieses Buches mitgewirkt haben.
An meine Frau Uta Zimmer für ihr Verständnis und ihre Unterstützung meiner Arbeit.
An Jörg Stübing für die Besprechung der Story.
An Steffen Burucker für die Kolorierung des Titels und der farbigen Innenseiten.
An Ida Maria Smentek für Text und Gestaltung des Handouts.
An Uta, Ida, Anne Rosinski, Saskia Lorenz, Claudia und Gunther Naumann, Thomas Kretschmer und Steffen fürs Probelesen und Kritisieren.
An Thomas Kohl fürs Layouten und die Druckvorbereitung.

© 2012 Lutz Anke, Die Verlagsgesellschaft
Redaktion / Lektorat: Jörg Stübing, Thomas Kretschmer
Layout: Thomas Kohl
Herstellung: MAXROI Graphics GmbH, Görlitz
Verlag: Die Verlagsgesellschaft GbR, Dresden
www.verlagsgesellschaft.net

Dank für die freundliche Unterstützung an die Hochschule für Technik und Wirtschaft Dresden

Die Deutsche Bibliothek – CIP-Einheitsaufnahme:
Ein Titeldatensatz für diese Publikation ist bei Der Deutschen Bibliothek erhältlich.
ISBN 978-3-940418-69-2
Printed in Saxony / Germany